MÉMOIRE

Lu, dans la séance publique de la Société Philotechnique, le 2 mai 1813; sur cette question :

> « Par quelle cause doit-on expli-
> « quer la longue durée de l'Empire
> « Chinois ? »

Par M. PAGANEL, *de la Société Philotechnique, de celle d'Agriculture, Sciences et Arts d'Agen, et de l'Académie Celtique.*

Je n'entreprendrai pas de traiter un aussi grave sujet dans toute son étendue.

En le resserrant dans les bornes que la circonstance exige, je passerai rapidement sur les traits qui caractérisent tous les peuples asiatiques, et qui les distinguent des nations de l'Europe. Passant ensuite de ces considérations générales au caractère particulier des Chinois, il sera reconnu que cette antique nation n'est pas moins distincte de celles qui occupent l'extrémité opposée de l'Asie, que ceux-ci le sont des Hongrois et des Germains.

Les institutions en général tirent leur principale force des convenances locales; c'est-à dire de l'accord de ces institutions avec le climat; vérité plus sensible à l'égard des nations asiatiques, dont le caractère moral est empreint, dans chacune d'elles, des qualités physiques de la zône sous laquelle elles sont placées: c'est pourquoi l'établissement des Ottomans en Europe, et la translation du siége de l'empire à Constantinople sont regardés avec raison comme une violation des convenances, comme une contrariété avec le principe et le but du Koran.

Des traits de caractère et des usages, communs aux peuples de l'Asie, semblent indiquer qu'ils ont tous une origine commune. Pour trouver entre eux une différence très-sensible, il faut les comparer dans les deux extrémités de cette grande partie de la terre. Chez tous, les mœurs sont aussi anciennes que les sociétés elles-mêmes; ainsi que les gouvernemens, celles-ci ont une couleur à peu près semblable, et présentent l'expression fidèle de l'influence du climat. Le despotisme est un effet incontestable de cette irrésistible influence; et Mahomet, confondant les préceptes de la religion avec les droits du trône; confiant la durée de

MÉMOIRE

LU DANS LA SÉANCE PUBLIQUE

DE LA SOCIÉTÉ PHILOTECHNIQUE,

LE 2 MAI 1813, SUR CETTE QUESTION :

« Par quelle cause doit-on expliquer la
« longue durée de l'Empire Chinois? »

PAR M. PAGANEL,

De la Société Philotechnique, de celle d'Agriculture, Sciences et Arts d'Agen, et de l'Académie Celtique.

Plusieurs choses gouvernent les hommes, le climat, les mœurs, etc.

Esprit des Lois.

PARIS,

DE L'IMPRIMERIE DE J. B. SAJOU,

Rue de la Harpe, n.° 11.

1813.

Extrait du Magasin Encyclopédique, Numéro de Juillet 1813.

l'Empire aux passions humaines, fit des confidens de son imposture le noyau d'une armée invincible, et de tous les croyans d'aveugles adorateurs. Le mahométisme n'a rien perdu dans l'Asie de sa force et de son intolérance.

Mais le despotisme asiatique est de l'Orient au Midi bien diversement modifié. Vainement vous voudriez le rendre sanguinaire dans la Chine, et paternel où domine la religion de Mahomet (1). Aux deux extré-

(1) Je ne prétends pas dire que le despotisme se soit dépouillé dans la Chine de son caractère essentiel. Là, comme dans les autres états asiatiques, il se divise en tyrannies graduées, dont chacune est opprimée et oppressive à son tour. Mais là plus qu'ailleurs, le souverain surveille les dépositaires immédiats de son autorité ou de sa confiance; là plus qu'ailleurs, il s'occupe du peuple, veille à sa subsistance, et le protége contre l'avidité des gouverneurs, qui sont dans la Chine plus exercés à éluder la loi, à déjouer la vigilance, par la raison que le despotisme pèse tout entier sur eux. Il est donc vrai, comme je l'ai dit plus bas, que le despotisme des empereurs chinois est actif, paternel, et populaire, autant que le peut être le pouvoir absolu. Des écrivains célèbres ont accrédité des systèmes bien contraires sur les Chinois. L'enthousiasme des uns, le mépris des autres pour cette nation, ont également nui à la recherche de la vérité. J'ai tâché de l'atteindre, en marchant à une égale distance entre ces deux écueils.

mités, il vaincroit les obstacles et se rétabliroit dans son état primitif. La conquête ou d'autres circonstances peuvent comprimer le ressort; elles ne peuvent jamais le rompre. Il puise sa force dans l'accord des institutions avec le caractère moral des hommes, des passions naturelles ou factices, avec les moyens de les satisfaire.

A l'appui de cette opinion, je citerai des faits célèbres. Si les premiers califes, tempérant l'esprit de conquête par la noble protection qu'ils accordoient aux lettres et aux sciences, élevèrent les Arabes Orientaux au rang des plus grandes nations, d'autres Arabes développèrent sous le ciel de l'Espagne, si favorable au génie, une imagination plus brillante encore, plus de goût dans les arts, plus d'ardeur pour les sciences. La gloire des Maures est attestée au monde par de plus durables monumens, par des résultats plus généraux. Mais ces écarts du mahométisme n'ont été qu'éphémères. Plus tôt ou plus tard l'institution recouvre son fatal empire.

Il est possible que l'Asie ait été habitée, avant toute autre partie du globe. Mais je suis bien éloigné de la regarder comme l'unique berceau du genre humain. Cette opinion supposeroit que de grandes questions ont été éclaircies, qui non-seulement ne le sont pas, mais qui ne le seront peut-être jamais. Car, si le genre humain se compose de races essentiellement différentes (opinion plus philosophique et plus accréditée aujourd'hui), chacune de ces races n'eut-elle pas son berceau, son premier homme?

Ce qu'on ne peut contester, ce sont les faveurs dont la nature a comblé l'Asie; sa température en exclut bien des maux qui, partout ailleurs, naissent abondamment sur les pas de l'homme.

Oserai-je le dire? le bonheur y est plus constant et plus facile, parce que l'intelligence humaine y est resserrée dans une plus étroite sphère, parce que la Providence a refusé à l'Asie en général les passions qui s'allient au don brillant du génie, et le génie lui-même. Ce n'est pas le lieu de rechercher pourquoi cette sublime faculté de l'entendement humain est un fruit indigène des zônes tempérées. Il nous suffit de reconnoître que la nature fait d'autant plus pour l'homme, que l'homme peut faire moins pour lui-même. Admirable sollicitude qui s'étend sur tout être organisé pour sentir et pour vivre! Harmonieuse bienfaisance qui, plus que l'harmonie des mondes, révèle à notre foible raison une suprême intelligence!

Reconnoissons, dis-je, que dans l'Asie, les

jouissances sont placées plus près des besoins, et pour ainsi dire sous la main de l'homme; qu'ailleurs l'homme est condamné à tout créer, à tout conquérir; que sous des cieux différens, il est l'esclave du climat ou s'en rend le maître; que l'Europe est un théâtre de scènes diverses et constamment variables; que l'esprit humain y subit, ainsi que les empires, d'étonnantes révolutions; qu'il y descend à l'extrême dégradation comme au dixième siécle, qu'il y remonte au sommet de la science, comme au dix-huitième, pressant ou modérant cette invincible instabilité; que tout y est mobile, et qu'elle éprouve sans interruption les alternatives de la force et de la foiblesse, de l'enthousiasme et de la stupeur; alternatives qui dépendent de l'usage que l'homme y fait de sa puissance intellectuelle. Que dans l'Asie, au contraire, l'esprit humain n'offre point de phases diverses; que l'ordre moral est uniforme et constant, les maximes et les usages invariables; qu'enfin les lois, les religions, les gouvernemens y triomphent des irruptions des barbares, de la guerre, du prosélytisme, et du temps lui-même.

Appliquons maintenant ces principes généraux à l'empire de la Chine, qui, plus qu'aucun autre état asiatique, recueille les heureux résultats des convenances locales, c'est-à-dire de l'accord des institutions avec le climat, et nous parviendrons peut-être à résoudre le problême historique dont j'ose essayer l'examen.

On peut, je crois, supposer sans témérité que les institutions civiles et religieuses étoient anciennes dans la Chine, lorsqu'encore elle n'écrivoit pas son histoire; et l'histoire de la Chine, selon M. de Guignes, remonte à l'an 2953 avant notre ère vulgaire. Confucius, qui vivoit plusieurs siécles avant le règne d'Auguste, a pu développer et faire aimer les préceptes de la morale; mais il n'est certainement pas le premier qui ait instruit de leurs devoirs les princes et les peuples : les Annales chinoises remontent à plus de cinq mille ans; et probablement, à cette époque, la science morale et l'agriculture atteignoient dans ce vaste empire à une sorte de perfection.

C'est ici qu'il importe de remarquer l'antériorité des Chinois sur tout le reste du monde, dans l'art de gouverner et de nourrir les hommes, ainsi que les bornes de leur intelligence dans les arts d'imagination et dans les sciences qui réclament toute la faculté de l'esprit, toute la vigueur du génie.

Pour être, il y a cinq mille années, ce qu'ils sont aujourd'hui, les Chinois n'avoient eu qu'à recueillir les leçons de l'expérience, toujours plus hâtive sous un gouvernement paternel et sous un ciel dont la pure et suave mollesse inspire le désir et le besoin des voluptés; expérience plus certaine sous un gouvernement paternel, protégé par des mœurs patriarchales, et qu'un sol fécond, inépuisable, exempte des dangers que fait craindre ailleurs une inconstante température (1).

Tout ce que l'esprit peut concevoir et exécuter pour procurer à des désirs bornés des jouissances faciles, le peuple chinois l'a fait; mais il ne sortira point de ce cercle, tracé autour de lui par la nature. Ses affections le retiennent, en quelque sorte, près de l'instinct, il trace sa marche, il raisonne son industrie; ce que ne font pas l'abeille et le castor. Mais il s'est arrêté, comme ces animaux architectes et constructeurs, sur des limites qu'il ne franchira jamais. Faut-il le plaindre de ce que les arts de l'esprit ont épuisé son attention, lorsqu'à peine, il en a saisi les premières règles, et de ce que le domaine infini du génie est à jamais fermé pour lui? Ah! par combien d'avantages est

(1) L'administration n'est pas encore parvenue, et peut-être ne parviendra jamais à établir une juste balance entre les subsistances et l'immense population de l'Empire.

compensé ce privilége superbe chez les peuples que la nature en a privés! Et qu'il est chèrement payé par ceux que cette faveur place au premier rang parmi les peuples! Le Chinois naît pour une vie d'insouciance et de paix; si la perfection dans les arts, l'étendue et la profondeur dans les sciences lui sont refusées, il ignore aussi nos bouleversemens et nos catastrophes. Aucune ambition ne rompt le cours de ses jouissances. Il tient au sol comme la plante qui le nourrit; il n'éprouve jamais les tourmens de la curiosité; et pour lui sa caste est le genre humain, la Chine, l'univers.

Dans la Chine, en général, les époques de la vie sont foiblement marquées par les progrès et la décroissance de l'esprit; et, si nous descendions aux dernières classes du peuple, nous verrions, en gémissant, d'immenses générations se presser confusément et s'éteindre dans un état fixe d'enfance invétérée. C'est pourquoi les vices de la multitude y décèlent la légèreté et la foiblesse, le caprice et l'impuissance. C'est pourquoi elle s'abstient des crimes qui souillent l'histoire de tant d'autres nations.

Comparons cette situation des Chinois à celle des peuples qui furent redoutables par la gloire des armes, celèbres par les conquêtes plus réelles du génie, et nous trouverons d'un côté un long bonheur sans éclat, de l'autre quelques beaux jours, achetés par des siécles de calamités et de crimes; nous trouverons encore (problême qu'il seroit facile de résoudre), nous trouverons, dis-je, encore que l'homme est heureux partout où les lois récompensent les arts utiles; et que les peuples savans ou guerriers s'éloignent d'autant plus du bonheur qu'ils sont plus avides de renommée et de gloire. Nous pouvons compter les jours heureux de la superbe Rome, mais non les jours de deuil et d'ignominie par lesquels elle expia la conquête de l'univers.

La civilisation des peuples est lente, graduée et fréquemment interrompue par des circonstances diverses. On peut donc raisonnablement supposer que celle des Chinois remonte à une époque bien antérieure au régne de Fo-hi. Car dès-lors ils étoient soumis aux mêmes usages, aux mêmes lois, à la même forme de gouvernement. Observons ici que beaucoup de choses semblent établies chez ce peuple pour le séparer de toutes les autres nations; la langue surtout dont il consacre les défauts, afin d'opposer, en quelque sorte, aux étrangers, d'insurmontables difficultés. Reprocher aux Chinois l'imperfection de leur langue, c'est ignorer l'esprit et le but de leurs institutions. Une éducation uniforme, une étiquette compliquée, des cérémonies superstitieuses, une vie oisive et molle pour les femmes, pénible pour les classes pauvres, fastueuse pour les riches, voluptueuse pour les deux sexes, tout dans la Chine subit la loi de la nature, parce que la nature y est elle-même uniforme, constante, absolue dans ses volontés, et qu'elle ne laisse à l'homme que la volonté de conserver et de jouir. Mais ce qui l'a toujours préservée, ce qui la préservera toujours de toute innovation contraire à son gouvernement, à ses usages, à ses lois, c'est la place qu'elle occupe à l'extrémité du globe. Là se maintient dans toute son intrégrité le système d'isolement qui la sépare du reste de l'univers.

C'est ainsi que depuis de longs siécles, l'ordre moral et l'ordre physique sont réfléchis et défendus, l'un par l'autre, dans ce vaste Empire. C'est ainsi que la convenance sociale des institutions y fait plus sentir, d'âge en âge, le besoin du gouvernement paternel, et que toutes les parties de l'Empire se sont si heureusement rapprochées, qu'elles ne présentent, à l'œil comme à l'esprit, que l'unité de mouvement, de pensée et de volonté.

Les Chinois ont pleinement joui de tous les bienfaits de leur gouvernement jusqu'au temps où les Tartares se sont fait connoître à eux par de subtiles irruptions. Ils éprouvèrent alors le fléau de la guerre et tous les maux qu'elle traîne à sa suite; mais longtemps encore ils en ignorèrent l'art. Amollis par une longue jouissance de la paix, le passé laissoit à peine dans leur mémoire quelques traces; ils s'occupoient peu de l'avenir. Cependant les invasions devenant plus fréquentes, ils sortirent un instant de cette insouciance; mais ils prouvèrent, par leurs moyens défensifs, combien il étoit facile de les subjuguer; et, vaincus, combien il étoit impossible au vainqueur de ne pas se soumettre aux lois de l'Empire.

Le climat a donc prescrit à la Chine son gouvernement, ses usages, ses mœurs. Mais des institutions, commandées par la nature, durent se consolider dès leur naissance et se perpétuer sans contradiction. Rarement de méchans princes ont déshonoré le trône. Les Chinois, comme tout autre peuple, peuvent gémir sur les abus du pouvoir; ils ne peuvent haïr le pouvoir lui-même. La force de l'Etat est dans l'accord invariable des besoins de l'homme et de l'action du gouvernement. Elle est dans l'harmonie qui règne entre toutes les parties de ce vaste édifice. Et quelle ne doit pas être l'autorité d'une législation, qui, sans tyrannie, et cependant despotique, règle, depuis cinq mille ans la destinée d'une immense population (1).

Si la passion des conquêtes n'eût pas réuni sous un même chef les Tartares voisins de ce pacifique Empire, aucune révolution n'en eût encore souillé le trône; un conquérant ne s'y fût jamais asssis.

Les Tartares Manchous ravagèrent plusieurs fois les provinces, avant de pousser leurs irruptions jusqu'au cœur de l'Etat. Le gouvernement n'opposa pas de nombreuses armées à l'ennemi; il construisit la grande muraille : foible rempart contre la valeur et la cupidité; mémorable monument de l'amour de la paix, dit Voltaire. Les Chinois ne songeoient pas que la facilité de vaincre en irritoit le désir, et que les bras, employés à élever cette inutile barrière, auroient suffi pour immoler jusqu'au dernier Tartare sur les frontières de l'Empire; tant il est vrai que l'habitude des passions douces repousse loin de ce peuple les pénibles sentimens de la haine et de la vengeance.

Il est du moins certain que les empereurs

(1) De cinquante millions, selon Voltaire, de cent cinquante millions, d'après les calculs de M. de Guignes; et, sur ce point, cet auteur est digne de toute confiance.

de la Chine n'ont levé des milices ou formé des troupes régulières que pour leur défense. L'histoire ne leur reproche aucune agression (1). Ces intérêts d'état, dont les cabinets de l'Europe ont fait une science, ils ne les connoissent pas. Leur politique se borne à maintenir l'ordre intérieur, en éloignant toute opinion nouvelle, toute doctrine contraire aux lois de l'Empire. Ils s'isolent du reste du monde, convaincus, par de funestes épreuves, que, sous le voile de spéculations commerciales, l'Européen cache des desseins insidieux. Cependant, à force de constance et d'importunité, celui-ci obtient la faculté de commercer sur quelques points de l'Empire, mais avec de telles restrictions et des conditions si humiliantes, que la seule soif de l'or peut forcer des hommes civilisés à s'y soumettre.

Le Chinois souffre les étrangers plutôt qu'il ne les désire; partout l'autorité les

(1) Les empereurs eurent fréquemment, et surtout sous les premières dynasties, des troubles à appaiser, des vassaux rebelles à soumettre. Une sorte d'hiérarchie féodale étoit le principe de ces guerres intestines. Le pouvoir s'est successivement concentré. Il est aujourd'hui et sera longtemps l'objet de l'adoration du peuple chinois, la source et le garant du facile bonheur que la nature lui destine.

circonvient avec défiance; nulle part l'hospitalité ne les accueille.

De cette première cause de la durée du gouvernement chinois dérivent plusieurs causes secondaires dont l'action, non moins constante, fortifie celle qu'exerce le climat.

Le régime paternel est indigène dans la Chine, ainsi que le pouvoir absolu : ce régime est sacré pour le prince; et ce pouvoir est révéré par les sujets, comme une loi de la nature. C'est là que la justice du chef de l'Etat, sans cesse éclairée par une longue hiérarchie d'autorités, circule également dans tous les rangs (1). C'est là que les citoyens de toutes les classes, enchaînés au chef de l'Etat par un ordre de choses immuable, lui obéissent par confiance, comme des enfans à leur père. Des milliers de siécles se sont écoulés, et le caractère national se défend de toute altération sensible. Sa constance est celle du climat. Cette belle ordonnance, qui embrasse toutes les institutions et tous les intérêts, commande tant d'admiration et de respect que le vainqueur le plus féroce a toujours baissé sa tête et ses armes, lorsqu'il a pu la contempler.

Le gouvernement chinois récompense les

(1) Tel est au moins l'esprit et le but des institutions et du régime.

travaux utiles et les actions vertueuses par les plus éminentes dignités. Cette noble et rare justice est le principe de la confiance réciproque du prince et des sujets, et par conséquent une des causes de la durée de l'Empire et du gouvernement.

Quelques philosophes ont déploré le sort des Chinois, gouvernés par un pouvoir despotique; mais ces critiques ne voyent pas que le vrai despote, c'est le climat. Ils ne voyent pas que ce despotisme est justifié par une constante et paternelle bienfaisance : que la nature lui prescrit en même temps des devoirs et des limites; et que l'histoire de l'Empire, écrite jour par jour sous les yeux du prince par des magistrats incorruptibles, lui présente sans cesse le fidèle tableau de sa vie et le jugement de la postérité.

On reproche encore à la Chine la cruauté avilissante et la coutume barbare d'arrêter, par l'infanticide, la marche trop rapide de la population.

En condamnant de semblables usages, qu'il me soit permis d'observer que la sévérité des peines dans la Chine est une conséquence nécessaire du despotisme, comme le despotisme en est une de l'influence du climat; et qu'elle y est tempérée, trop peut-être, par la faculté de s'en affranchir, en payant des contributions graduées sur la gravité des délits et la condition des coupables.

Quant à l'exposition des enfans nouveaux-nés, elle a pu être tolérée dans des circonstances qui compromettoient le salut de l'état: elle n'a jamais été permise; elle seroit même punie, si les pères, qu'une extrême pauvreté porte à ces barbares sacrifices, n'en déroboient pas la connoissance aux magistrats.

Ne jugeons pas les Chinois d'après nos opinions savantes et nos belles abstractions; ils sont restés en deça de l'erreur; et nous, raisonneurs audacieux, nous laissons quelquefois en arrière la vérité pour courir après de brillantes théories. Ah! combien l'exposition des enfans chez les Chinois est-elle moins criminelle, moins funeste aux mœurs, et plus rare, que les avortemens forcés et les infanticides clandestins ne le sont chez d'autres peuples dont la civilisation est plus perfectionnée!

Dans les régions privilégiées où l'esprit humain se développe, en force, en pénétration, en étendue, où l'imagination s'embrase de ce feu créateur qu'on nomme le génie, l'homme, par une fatale compensation, s'égare dans les erreurs les plus bizarres, et se précipite dans les excès les plus humilians. C'est là que dans la même tête s'allient un esprit fort et une ame timide, l'audace de la pensée et l'humble crédulité : que l'homme est pour lui-même un phénomène inexplicable d'oppositions et de contrastes; que Bossuet s'arme de la plus savante dialectique pour combattre des chimères; que Pascal fixe la langue, étend le domaine de la science, et se creuse à lui-même un enfer; que le génie de Newton tombe du trône de l'univers, se repentant de s'y être assis. Oui, c'est sur ce théâtre de l'Europe où la nature a tant de fois couronné le savant qui la surprend à l'œuvre et l'artiste qui sait l'imiter, sur ce théâtre couvert des trophées du génie, que trop souvent le génie crée de fausses doctrines pour des têtes ardentes, et qu'il s'égare loin du but de la sociabilité civile et religieuse.

Cette balance des biens et des maux, que produit le génie, est inconnue et le sera toujours dans l'Asie Méridionale. Les superstitions des premiers âges y sont aujourd'hui civilisées, et, si je puis m'exprimer ainsi, identiques avec les mœurs et les usages. La Chine est peuplée d'êtres fantastiques, de bons et de mauvais génies, parce qu'il faut en tous lieux, au commun des hommes, des fables et des bonzes; aux bonzes des tributs et la domination (1).

(1) La pureté constante de leur ciel invita les

Les Chinois ont aussi leur âge d'or, leur déluge, leur Bacchus; ils ont des révélations, des mystères, et des prophètes; mais ces erreurs ne sont que les hochets d'un peuple enfant; surveillées par le gouvernement, respectées par les lettrés même, elle n'allument dans la Chine ni guerres civiles, ni querelles sacerdotales. Le mot *intolérance* n'est pas plus dans leur langue, que l'idée que ce mot exprime n'est dans leur esprit. Quand, au sein de leur paisible Empire, les Jésuites et les

premiers peuples de l'Inde, ceux de la Chaldée et de l'Egypte à observer l'ordre que les astres gardent entre eux, à déterminer leur rapport avec la terre. Mais ces mêmes peuples, que de fréquentes catastrophes frappoient de terreur dans cette enfance du monde, interrogèrent bientôt le ciel, au lieu de l'observer. Les chefs des nations purent, à leur gré, faire parler les Dieux, et les prêtres s'arroger une exclusive et mystérieuse science. Mais enfin l'astronomie a banni de son noble domaine les vaines formules de l'astrologie. Chez tous les peuples policés les phénomènes célestes sont expliqués par les lois de la nature. Chez les seuls Chinois, l'art de lire dans le ciel la destinée des hommes exerce le même empire. Leur intelligence se refuse à la marche progressive de l'esprit humain. Le gouvernement a pu recueillir quelques fruits des leçons des missionnaires; mais ces fruits n'ont pas germé pour le corps de la nation. Cependant les observations astronomiques remontent chez les Chinois à l'an 1122 avant notre ère.

Dominicains s'accusèrent, les uns les autres, d'hérésie, d'impiété, les Chinois ne virent pas deux partis animés d'un faux zèle pour la religion nouvelle, mais ces moines leur parurent des fous dangereux, ou des agitateurs politiques dont il falloit délivrer l'Etat. De tels hommes, en effet, auroient longtemps bravé l'influence du climat et toute autre influence. Les Jésuites opposoient une politique profonde, imperturbable à la confiante crédulité du prince, et faisoient humainement fléchir la parole divine pour l'accommoder aux préjuges d'un peuple esclave de ses habitudes. Les Dominicains, prêcheurs énergiques, comme s'ils eussent encore poursuivi, de ville en ville, de province en province, les hérétiques albigeois, s'armoient de tous les argumens de l'école, proclamoient la guerre sainte et résolvoient le bouleversement de la Chine, plutôt qu'il fût porté la moindre atteinte à la doctrine dont la propagation leur avoit été confiée (1).

(1) Il résulte de mon opinion sur l'influence du climat, et sur l'intelligence des Chinois, que ceux-ci n'auroient retiré que de très-foibles avantages de l'établissement de nos savans missionnaires dans leur empire. Mais il est présumable que les peuples de l'Europe en eussent retiré de bien grands, tant sous les rapports des arts et du commerce, que sous celui des sciences naturelles.

La raison de la conduite du gouvernement chinois, dans cette circonstance, fut la modération naturelle des esprits. Ni les intérêts de la terre, ni les intérêts du ciel ne peuvent les enflammer jusqu'à l'enthousiasme, et moins encore jusqu'au fanatisme religieux : passion aveugle qui absorbe tout autre sentiment, qui cherche les ténèbres, qui combat la paix ainsi que la lumière, plus avide de crime, quand elle a plus satisfait ses fureurs. L'épouvantable règne du fanatisme a couvert de ruines les Etats qu'embellissent les découvertes et les arts du génie; et dans tous, celui-ci trouve l'intolérance à combattre et de grands maux à réparer.

Le fanatisme a fait de l'Europe, pendant plusieurs siècles et même depuis la renaissance des lettres, le théâtre des guerres les plus sanglantes et des scandales les plus impies. Etendant ses ravages avec sa doctrine, il a noyé un nouvel hémisphère dans le sang de ses habitans. Dans la Chine, au contraire, l'unité de pensée et de volonté, fruit d'une intelligence bornée, perpétue sans obstacle l'union, la paix, le bonheur. Pourquoi? Parce qu'il y règne une admirable intelligence entre la nature et les institutions sociales, parce que le bon sens est l'esprit des Chinois, et l'utilité commune l'objet de leur industrie, parce que le souffle de l'air y étouffe tout germe de curiosité, d'ambition et d'héroïsme, parce qu'enfin tout y est stationnaire, les hommes et les choses; de sorte que le gouvernement de la Chine semble être assis sur le trône du temps.

Si les fables, qui charment le vulgaire dans la Chine, comme d'autres fables le gouvernent ailleurs, avoient pu y tourner les esprits en fanatisme; si la raison des Chinois eût pu s'égarer jusqu'à prétendre que le culte des bonzes est le seul agréable à la Divinité; et que le Père des hommes a choisi l'empereur de la Chine pour les convertir par toute la terre ou les égorger, l'Asie eût été embrasée bien des siécles avant que le fanatisme eût porté le fer et la flamme jusqu'aux cités innocentes des Incas. Quand nous n'existions pas encore, les Chinois avoient trouvé la composition de la poudre fulminante, dont notre studieuse application a fait le plus rapide instrument de la mort, tandis qu'elle n'est en Chine qu'un moyen de donner aux fêtes publiques plus d'éclat et de solennité.

Il est également reconnu que les Chinois ont inventé l'imprimerie bien des siécles avant que l'Allemagne se soit attribué l'honneur de cette découverte; et qu'ils en ont borné l'usage à transmettre, de siécle en siécle, la vie des princes et les annales de l'Empire.

L'imprimerie, au contraire, fut à peine connue dans l'Europe, qu'elle ouvrit toutes les écoles aux disputes les plus futiles. Jusqu'au dix-septième siécle elle fut moins utile aux lettres, qu'elle ne servit à propager le mensonge et l'erreur.

Ainsi toutes les causes secondaires de la durée du gouvernement de la Chine nous ramènent à la cause première de ce singulier phénomène, l'influence du climat. Cette influence, qui maîtrise également l'être physique et l'intelligence, marque à celle-ci des limites qu'elle n'a ni le pouvoir ni le désir de franchir. L'esprit des Chinois tend constamment à l'utile et s'y fixe; l'expérience est son guide, le bon sens son partage; il ne regrette ni n'ambitionne une condition meilleure. Il n'en conçoit pas de préférable à sa douce servitude. De toutes nos opinions celle qui étonneroit le plus, même un lettré, c'est notre opinion sur la dignité de l'homme, sur l'honneur, sur la liberté. Avec des pensées saines, le Chinois n'éprouve donc jamais des passions violentes; ses goûts, ses besoins, ses institutions portent l'empreinte de l'uniformité, et d'une succession d'âges que l'histoire authentique de l'Empire n'a pas tous embrassés.

L'Inde offre un spectacle bien différent aux regards du voyageur, qui ne peut faire un pas sur cette terre antique et primitive, sans y reconnoître les effets des révolutions qu'elle a subies, depuis que les peuples de l'Europe se disputent cette riche proie. Un seul aujourd'hui la tient dans le plus humiliant esclavage. Un marchand, né sur les bords de la Tamise, impose des tributs aux princes indiens; et leurs trônes s'abaissent devant un facteur qui ne sait régir que son comptoir.

Dans cette riche portion du globe, policée et savante, quand l'Europe comptoit à peine quelques bourgades, au sein de ses forêts, les traditions se perdent, les souvenirs s'effacent, et l'antiquité ne perce qu'à travers des monceaux de ruines. Et d'où vient cette différente destinée de l'Inde et de la Chine? De ce que l'une a pu s'isoler et se maintenir, sous l'empire du climat, quand l'autre, de toutes parts accessible aux peuples navigateurs et aux conquérans asiatiques, n'a fait que changer de maître, depuis Alexandre, et lutter impuissamment contre la tyrannie et la cupidité de ses vainqueurs.

Il résulte de tout ce que j'ai dit, que le climat de la Chine a déterminé ses institutions, et sa situation géographique, son isolement : que l'influence du climat est la cause première; l'isolement le principe conservateur; de ses mœurs, de ses lois, de ses usages, et que nous devons rapporter à leurs effets combinés la durée de l'Empire, et la longévité dont il offre l'unique exemple.

www.ingramcontent.com/pod-product-compliance
Ingram Content Group UK Ltd.
Pitfield, Milton Keynes, MK11 3LW, UK
UKHW021038200726
13857UKWH00005B/1803